Michael Bernecker

30 Minuten

Basiswissen
Marketing

Bibliografische Information Der Deutschen Nationalbibliothek

Die Deutsche Nationalbibliothek verzeichnet diese Publikation in der Deutschen Nationalbibliografie; detaillierte bibliografische Daten sind im Internet über http://dnb.d-nb.de abrufbar.

Wird empfohlen von

N24

Copyright © 2007 N24 GmbH
(MM MerchandisingMedia GmbH)

Umschlag und Layout: die imprimatur, Hainburg
Titelbild: Johnny Lee – Fotolia.com
Lektorat: Friederike Mannsperger, Offenbach
Redaktion: Hülya Gemril, Köln
Satz: Zerosoft, Timisoara (Rumänien)
Druck und Verarbeitung: Salzland Druck, Staßfurt

Werden Sie Fan von GABAL auf facebook.com.
Follow us on twitter.

© 2011 GABAL Verlag GmbH, Offenbach

Printed in Germany
ISBN 978-3-86936-190-1

In 30 Minuten wissen Sie mehr!

Dieses Buch ist so konzipiert, dass Sie in kurzer Zeit prägnante und fundierte Informationen aufnehmen können. Mithilfe eines Leitsystems werden Sie durch das Buch geführt. Es erlaubt Ihnen, innerhalb Ihres persönlichen Zeitkontingents (von 10 bis 30 Minuten) das Wesentliche zu erfassen.

Kurze Lesezeit
In 30 Minuten können Sie das ganze Buch lesen. Wenn Sie weniger Zeit haben, lesen Sie gezielt nur die Stellen, die für Sie wichtige Informationen beinhalten.

- Alle wichtigen Informationen sind blau gedruckt.

- Schlüsselfragen mit Seitenverweisen zu Beginn eines jeden Kapitels erlauben eine schnelle Orientierung: Sie blättern direkt auf die Seite, die Ihre Wissenslücke schließt.

- *Zahlreiche Zusammenfassungen innerhalb der Kapitel erlauben das schnelle Querlesen. Sie sind blau gedruckt und zusätzlich durch ein Uhrsymbol gekennzeichnet, sodass sie leicht zu finden sind.*

- Ein Register erleichtert das Nachschlagen.

Inhalt

Vorwort

Marketing hat in den letzten 30 Jahren an Bedeutung zugenommen und ist zu einem wesentlichen Erfolgsfaktor für Unternehmen geworden. Aus kaum einem Unternehmen ist Marketing noch wegzudenken. Egal ob ein kleiner Handwerksbetrieb oder ein Großkonzern: Sinnvolle Marketingaktivitäten helfen, die Unternehmensziele zu erreichen. Die Vielzahl der Ausprägungen des Marketing im Alltag hat dazu geführt, dass viele Menschen ein unterschiedliches Verständnis davon haben. Es finden sich unter anderem die folgenden Ansichten:

Marketing ist nicht nur Werbung
Vielfach wird Marketing mit Werbung gleichgesetzt. Natürlich ist diese eine der wichtigen Funktionen im Marketing. Allerdings nicht die einzige. Modernes und zeitgemäßes Marketing hat eine strategische Ausrichtung und berücksichtigt neben der Werbung die angebotenen Leistungen, den Preis und die vertrieblichen Aktivitäten.

Marketing ist nicht nur Vertrieb
Vielfach wird Marketing mit Verkaufen oder Vertrieb gleichgesetzt. Dies entspricht einer Vorstellung der 50er-Jahre des letzten Jahrhunderts. Natürlich sollen Marketingmaßnahmen den Verkauf unterstützen oder sogar auslösen. Marketing geht aber deutlich darüber hinaus. Marketing hat als Aufgabe, das Unternehmen und seine Leistungen im Markt zu positionieren.

Marketing ist nur etwas für große Unternehmen
Eindeutig nein! Marketing entfaltet seine Wirkung genauso gut bei kleinen wie bei großen Unternehmen. Allerdings haben größere Unternehmen häufiger eine bessere Sichtbarkeit, da die Aktivitäten vielfältiger sind als in kleineren Unternehmen. Gerade kleinere Unternehmen können mit einem intelligenten Marketing viel erreichen. So manches Unternehmen ist erst durch gutes Marketing groß geworden, oder was, glauben Sie, ist der wesentliche Erfolgsfaktor des Unternehmens Red Bull?

Haben Sie diese ersten Einsichten schon ein wenig angeregt? Wenn ja, dann ist dieses Buch genau das richtige für Sie. In 30 Minuten erhalten Sie eine komprimierte Zusammenfassung des aktuellen Marketingverständnisses. Die Darstellung ist sicherlich nicht allumfassend, aber trotzdem sollte der eine oder andere Impuls für Ihren Alltag in diesem Buch zu finden sein.

Prof. Dr. Michael Bernecker
Deutsches Institut für Marketing
Hohenstaufenring 43-45
50674 Köln
Tel. 02 21 / 99 55 51 00
E-Mail: info@Marketinginstitut.BIZ
Homepage: www.Marketinginstitut.BIZ

1. Was ist Marketing?

Was ist Marketing?

Wie funktioniert Marketing?

In welchen Bereichen gibt es Marketing?

Was genau ist unter dem Begriff „Marketing" zu verstehen? Welche Instrumente des Marketing gibt es? Und noch viel wichtiger: Was kann und sollte ein Unternehmen machen, um erfolgreiches Marketing zu betreiben? Eine wichtige Feststellung gleich zu Beginn: DAS Marketing gibt es nicht. Vielmehr lassen sich mit den verschiedenen Begriffsauffassungen und Definitionen, die uns die Literatur anbietet, ganze Seiten füllen.

1.1   Marketing – der Begriff

Marketing ist ein vielschichtiger Begriff, dessen Bedeutung sich in den letzten 50 Jahren zudem noch deutlich verändert hat. In den 50er-Jahren des letzten Jahrhunderts verstand man Marketing als reine Absatz- und Vertriebsfunktion, das heißt, alles, was mit Verkaufen zu tun hat, ist auch gleich Marketing. Das aktuelle Verständnis geht viel weiter!
Das Deutsche Institut für Marketing definiert den Marketingbegriff (in Anlehnung an die American Marketing Association 2007) wie folgt:

> Marketing umfasst alle Aktivitäten, Institutionen und Prozesse, um Leistungen zu entwickeln, zu kommunizieren, zu transportieren und anzubieten, die einen Wert für Kunden, Partner und die allgemeine Öffentlichkeit haben.

Marketing ist notwendig, um ein Unternehmen nach außen darzustellen und den Bekanntheitsgrad aufzubauen.

Für dieses Marketingverständnis sind folgende Merkmale typisch:

- die bewusste Kundenorientierung aller Leistungen und Tätigkeiten,
- die konkrete Auseinandersetzung mit Kunden und anderen Multiplikatoren,
- die bewusste Absatz- und Kundenorientierung aller Unternehmensbereiche,
- die Erfassung, Beobachtung und Analyse der Verhaltensmuster aller für das Unternehmen relevanten Personengruppen,
- die planmäßige Erforschung des Marktes als Voraussetzung für kundengerechtes Verhalten,
- die Festlegung marktorientierter Unternehmensziele und langfristiger Verhaltenspläne,
- die planmäßige Gestaltung des Marktes durch den zielgerichteten Einsatz aller Marketinginstrumente,
- die Anwendung des Prinzips der differenzierten Marktbearbeitung,
- die Koordination aller marktgerichteten Unternehmensaktivitäten und deren organisatorische Verankerung und
- die Einordnung der Marketingentscheidung in ein größeres soziales System.

Dieses Verständnis wird durch die aktuellen Entwicklungen in den meisten Märkten gestützt.

 Überlegen Sie sich, was Sie unter dem Begriff „Marketing" verstehen! Seien Sie sich der Bedeutung des Marketing bewusst!

1.2 Funktionsweise des Marketing

Neben dem dargestellten Aspekt der Kundenorientierung wird in den vorherigen Definitionen deutlich, dass Marketing als Prozess zu verstehen ist, der die Schritte Planung, Organisation, Durchführung und Kontrolle umfasst. Diese Sichtweise kommt in der folgenden Abbildung zum Ausdruck:

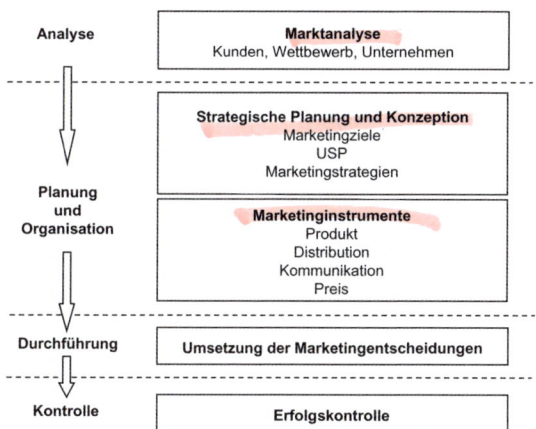

Abbildung 1: Prozess des Marketingmanagements

Die Abbildung verdeutlicht den Prozesscharakter des Marketing. Ausgehend von der aktuellen Marktsituation wird die Positionierung des eigenen Unternehmens (z. B. Preisführer, Qualitätsanbieter) bestimmt. Diese findet ihren Niederschlag in den Marketingstrategien, die festlegen, mit welchen Maßnahmen und Aktivitäten das Unternehmen auf dem Markt agieren möchte. Die operative Umsetzung der strategischen Entscheidungen wird dann durch die Marketinginstrumente realisiert. Abschließend sollte idealerweise eine Erfolgskontrolle stehen, die die realisierten Erfolge analysiert und Verbesserungspotenziale für zukünftige Maßnahmen aufzeigt.

Das Marketingmanagement umfasst die zielgerichtete Gestaltung aller marktgerichteten Unternehmensaktivitäten. Es beschreibt funktional die Aufgaben und Prozesse, die innerhalb und außerhalb des Unternehmens mit dem Marketing verbunden sind. Dabei sind marktbezogene, unternehmensbezogene sowie gesellschafts- und umweltbezogene Aufgaben zusammenzufassen (Meffert 2000).

Bezogen auf den Markt ergeben sich aus unterschiedlichen Nachfragekonstellationen folgende Aufgaben:

- vorhandene Nachfrage → Bedarf decken
- fehlende Nachfrage → Bedarf schaffen
- latente Nachfrage → Bedarf entwickeln
- stockende Nachfrage → Bedarf beleben
- schwankende Nachfrage → Bedarf synchronisieren
- übersteigerte Nachfrage → Bedarf reduzieren

 Zeigen Sie auf, wie Ihr Marketing funktioniert! Nutzen Sie den Prozess des Marketingmanagements, um die einzelnen Phasen zu beschreiben!

1.3 Marketing in verschiedenen Bereichen

Ausgehend vom Konsumgüterbereich hat sich die Marketingphilosophie auch im Bereich der Investitionsgüter, im Dienstleistungssektor sowie im sozialen Bereich durchgesetzt. Damit können unterschiedliche Ausprägungen bzw. Einsatzbereiche des Marketing unterschieden werden:

- Konsumgütermarketing
- Industriegütermarketing
- Dienstleistungsmarketing
- Social Marketing
- Non-Profit-Marketing

Das Konsumgütermarketing

Das Konsumgütermarketing (B-to-C-Marketing) befasst sich mit Produkten, die direkt für den Endverbraucher bestimmt sind, und richtet sich somit an die Endstufe des Wirtschaftsprozesses, das heißt an private Konsumenten bzw. Haushalte. Zu unterscheiden sind Verbrauchsgüter (einmalige Nutzung – z. B. Schokolade, Bier) und Gebrauchsgüter (mehrmalige, längerfristige Verwendung – z. B. Möbel, Auto, Computer).

In Anlehnung an das Einkaufsverhalten der Konsumenten spricht man von Gütern des täglichen Bedarfs (Convenience Goods – z. B. Waschmittel), Gütern des gehobenen Bedarfs (Shopping Goods – z. B. Kleidung) und Gütern des Spezialbedarfs (Speciality Goods – z. B. hochwertiger Schmuck).

Im Wesentlichen lässt sich das Konsumgütermarketing aber wie folgt charakterisieren:

- Das Marketing richtet sich an große anonyme Massen (Massenmarketing).
- Der Vertrieb ist in aller Regel mehrstufig ausgerichtet: vom Produzenten über den Handel zum Endverbraucher.

- Die Kaufentscheidungen sind überwiegend Individualentscheidungen der Konsumenten.
- Die Marktkontakte sind häufig anonym.
- Aufgrund des großen Angebots und des begrenzten Platzes im Handel kommt es häufig zu Verdrängungswettbewerben.

Das Industriegütermarketing

Das Investitionsgüter- oder Industriegütermarketing (B-to-B-Marketing) befasst sich im weitesten Sinne mit der Vermarktung von Wiedereinsatzfaktoren, die in Industriebetrieben bzw. Organisationen zum Einsatz gelangen. Das Industriegütermarketing unterscheidet sich vom Konsumgütermarketing im Wesentlichen dadurch, dass die Nachfrager nicht Endverbraucher sind, sondern dass der Verkauf der Leistungen an privatwirtschaftliche oder öffentliche Organisationen (Industriebetriebe, öffentliche Verwaltungsorganisationen oder staatliche Einrichtungen) erfolgt. Häufig wird daher auch von B-to-B-Marketing (Business-to-Business-Marketing) gesprochen, um zu verdeutlichen, dass – im Gegensatz zum Bereich der Konsumgüter (Business-to-Consumer-Marketing) – Organisationen und nicht Endverbraucher die Abnehmer der angebotenen Produkte und Leistungen sind. Diese Bezeichnung verdeutlicht, dass die Zielgruppe (Organisationen oder Privatpersonen als Nachfrager) und nicht die produktbezogenen Merkmale (technische Eigenschaften, Größe etc.) zur Abgrenzung der beiden Bereiche B-to-B-Marketing und B-to-C-Marketing herangezogen werden.

Für das Industriegütermarketing sind die folgenden Merkmale und Besonderheiten kennzeichnend (Backhaus 2003):

- Der Bedarf von Organisationen ist derivativ, das heißt, er leitet sich aus der Nachfrage der Kunden der Organisation ab. So beruht beispielsweise die Nachfrage nach Stoff im Textilbereich auf der Nachfrage nach bestimmten Kleidungsstücken. Deshalb ist es für einen Hersteller von Industriegütern wichtig, dass er nicht nur seine direkten, sondern auch seine indirekten Kunden kennt und diese bei seinen Marketingaktivitäten beachtet.

- Die Kaufprozesse sind häufig kollektive und formalisierte Beschaffungsentscheidungen (Gruppenentscheidungen). Das Kaufverhalten von Organisationen unterscheidet sich dadurch wesentlich vom Kaufverhalten der Konsumenten. Ein Unterschied im Vergleich zu Privatpersonen besteht darin, dass im Bereich der Industriegüter ein hohes Maß an Professionalität auf der Käuferseite vorhanden ist. Häufig werden die Käufe in Unternehmen von gut ausgebildeten Einkäufern getätigt. Je komplexer die Kaufentscheidung ist, desto wahrscheinlicher ist es, dass mehrere Personen in den Kaufentscheidungsprozess einbezogen werden (Buying-Center).

- Es liegt eine geringere Zahl und eine höhere Konzentration von Bedarfsträgern vor.

- Es liegt ein direkter Interaktions- oder Verhandlungsprozess zwischen den Anbietern (Herstellern) und den Nachfragern (Organisationen) vor.

- Industriegütermarketing ist durch ein höheres Maß an Internationalität gekennzeichnet. Häufig zwingt

allein die Tatsache der geringen Anzahl an Nachfragern Anbieter von Industrieprodukten dazu, ihre
Leistungen global anzubieten und zu vermarkten.

- Die zu vermarktenden Leistungen sind häufig stark
  erklärungsbedürftig (beispielsweise eine Fertigungs-
  maschine) und sehr individuell bzw. kundenspezi-
  fisch.
- Die angebotenen Leistungen der Hersteller be-
  schränken sich selten nur auf einzelne Produkte.
  Häufig werden ganze Systemlösungen angeboten,
  die sich vor allem durch ein intensives Angebot an
  Serviceleistungen auszeichnen.

Insgesamt unterscheiden sich Konsumgüter- (B-to-C-
Marketing) und Investitionsgütermarketing (B-to-B-
Marketing) somit in zahlreichen Punkten voneinander.
Die folgende Übersicht stellt die wichtigsten Merkma-
le zur Differenzierung dieser beiden Bereiche zusam-
menfassend dar (vgl. Ramme 2000).

Typische Merkmale (nicht zwingend)	B-to-C-Marketing	B-to-B-Marketing
Beteiligte am Markt	Zahlreiche anonyme Nachfrager	Wenige, häufig persönlich bekannte Nachfrager
Markttrend	Von Verkäufer- zum Käufermarkt	Verstärkte Marktorientierung statt Produktorientierung
Entscheidungsprozess	Individuelle, gelegentliche Familienprozesse, oft Impulskäufe	Kollektive, formalisierte Entscheidungsprozesse
Determinanten des Kaufverhaltens	Originärer Bedarf, soziokulturelle Einflüsse	Derivativer Bedarf, Buying-Center-Struktur

Leistungspolitik	Homogene Massen-güter, in der Regel selbsterklärend	Häufig erklärungsbe-dürftige, hochwertige und individuell gefer-tigte Leistungen; oftmals ergänzt um Serviceleistungen
Preispolitik	Meistens feste Preise, im Handel starke Rabattaktionen bei hochwertigen Gütern sowie Leasing und Finanzkauf	Kredite und Zah-lungsbedingungen häufig ausschlag-gebend; wichtige Faktoren: Zeitpunkt der Zahlung, Wäh-rung, Kompen-sationsgeschäfte
Distributionspolitik (Vertrieb)	Meistens mehrstufig und indirekt unter Einschaltung des Handels	In der Regel direkt, da Lager zu kostspie-lig, Nachfrager weit gestreut und die Leistungen sehr indi-viduell sind
Kommunikations-politik	Meistens Massen-kommunikation	Individuelle Kommu-nikationsmittel domi-nieren: Messen, per-sönlicher Verkauf, Beziehungsmana-gement
Organisation	In der Regel Produktmanagement oder Category Management	Häufig Key-Account-Management

Das *Dienstleistungsmarketing*

Neben dem Konsumgüter- sowie dem Industriegüter-marketing stellt das Dienstleistungsmarketing die drit-te wichtige Spezialform des Marketing dar. Dienstleis-tungen sind selbstständige, marktfähige Leistungen, die auf die Bereitstellung und/oder den Einsatz von Po-tenzialfaktoren ausgerichtet sind (z. B. Versicherung, Weiterbildung). Der Dienstanbieter orientiert seine

Leistung am Nutzen für den Kunden (z. B. Taxifahrt, Autoinspektion, Banküberweisung).

Dienstleistungen können über folgende Merkmale charakterisiert werden (Meffert/Bruhn 2003):

- Dienstleistungen sind in ihrem Ergebnis vorwiegend immateriell, können jedoch materielle Bestandteile enthalten, beispielsweise ein Trägermedium, auf dem das Ergebnis der Dienstleistung übergeben wird.
- Die Leistungen dürfen nicht gelagert und nur in Ausnahmefällen transportiert werden.
- Die Durchführung der Leistungen erfolgt an einem externen Faktor (Sache oder Person).
- Dienstleistungen stellen häufig individualisierte und einmalige Leistungen dar.
- Es handelt sich oftmals um personalintensive Leistungen, die eine Standardisierung erschweren.

Der Vollständigkeit halber wird auch das Social Marketing und Marketing für Non-Profit-Organisationen an dieser Stelle kurz erwähnt. Hierbei findet die Anwendung des Marketing in sozialen und nicht kommerziellen Einrichtungen und bei öffentlichen Anliegen statt.

Marketing für nicht kommerzielle Einrichtungen ist überwiegend ein Marketing für öffentliche Unternehmen wie gemeinnützige Vereine (z. B. Greenpeace), Hilfsorganisationen (z. B. UNICEF), Kirchen und Universitäten. Es handelt sich um ein strategisches Marketingkonzept für nicht primär gewinnorientierte Organisationen.

Social Marketing geht einen Schritt weiter und ist eine Ausdehnung des Marketingbegriffs auf soziale Anliegen wie zum Beispiel Kampagnen gegen Tabak, Alkohol oder Aids. Eines der bekanntesten Beispiele ist die Anti-Aids-Kampagne der Bundeszentrale für gesundheitliche Aufklärung. Sie wirbt mit folgendem Slogan: „Gib Aids keine Chance – Kondome schützen". Die Bundeszentrale für gesundheitliche Aufklärung hat die Aufgabe, die Bereitschaft zu einem gesundheitsgerechten Verhalten und zur sachgerechten Nutzung des Gesundheitssystems zu fördern. Ziel des Social Marketing ist es, durch die Übernahme sozialer Verantwortung und Eigenaktivität einen gesellschaftlichen Bewusstseinswandel herbeizuführen und gesellschaftlich relevante Werte, Einstellungen und Verhaltensweisen zu beeinflussen, zu erhalten oder bewusst zu machen.

Machen Sie sich die Bedeutung des Marketing bewusst!
- *Marketing umfasst allgemeine Aktivitäten und Institutionen.*
- *Es beinhaltet einen aktiven Austauschprozess zwischen Unternehmen und Kunden.*
- *Marketing wird zunehmend als Austausch zwischen Unternehmen, Kunden und gesellschaftlichen Gruppierungen gesehen.*
- *Beim Marketing handelt es sich um einen Prozess, der in mehreren Stufen als Abfolge von Phasen verläuft.*

2. Der Kunde, das unbekannte Wesen

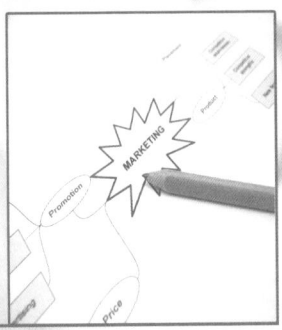

Wer sind die Kunden?

Wie gehen Sie mit Ihren Geschäftskunden um?

Wie bestimmen Sie Ihre indirekten Kunden?

Der Kunde ist die Schlüsselperson in einem Geschäftsmodell und die Erfüllung von Kundenbedürfnissen die Kernaufgabe eines Unternehmens.
Alle Marketingaktivitäten sind damit zwangsläufig auf den Kunden und sein Umfeld ausgerichtet. Ein Unternehmen sollte ein klares Verständnis davon haben, welche Kunden es mit seinen Marketingaktivitäten ansprechen möchte.

2.1   Der Kunde als Schlüsselperson

Der Einzel- bzw. Privatkunde kann über vielfältige Kriterien identifiziert werden. In der Regel werden sozioökonomische, psychografische und Nachfragekriterien zur Beschreibung und Abgrenzung der Kunden verwendet.
Am häufigsten nutzen Unternehmen die sogenannten sozioökonomischen (demografischen) Kriterien, um ihre Kunden zu beschreiben. Hierzu zählen Kriterien wie Alter, Geschlecht, Familienstatus, Wohnort usw.
Psychografische Segmentierungskriterien sind Kriterien, die zum einen Persönlichkeitsmerkmale darstellen und zum anderen Verhaltensweisen charakterisieren. Sie können auch als personenbezogene Kriterien auftreten. Motive, Bedürfnisse, Einstellungen, Temperament und das Rollenverhalten stellen Persönlichkeitsmerkmale dar.
Kriterien zum beobachtbaren Nachfrageverhalten sind keine Eigenschaften der Kunden, sondern Erfahrungen und Handlungen, die sie in der Vergangenheit ausgeführt haben. Hierzu gehören zum Beispiel das bisheri-

ge Kaufverhalten, die Markenkenntnis und die Wahl der Geschäfte.

Abbildung 2 gibt einen Überblick über die verschiedenen Segmentierungskriterien.

Sozio-ökonomische Kriterien	Soziale Schicht
	Familienlebenszyklus
	Geografische Kriterien
Psychografische Kriterien	Allgemeine Persönlichkeitsmerkmale
	Leistungsspezifische Kriterien
Kriterien des beobachtbaren Kaufverhaltens	Preisverhalten
	Mediennutzung
	Einkaufsstättenwahl
	Produktwahl

Abbildung 2: Segmentierungskriterien

Beispiele

Ein Reifenhändler, der auch hochwertige Alufelgen für Autos verkauft, könnte seine Kunden wie folgt umschreiben: Männer, über 18 Jahre alt, Besitzer eines Autos der Oberklasse, wohnhaft im Postleitzahlengebiet des Standortes, mit einem Einkommen über 3.500 Euro. Oder alternativ ein Handwerksunternehmen, das Kunden sucht, die ihr Haus renovieren müssen: Potenzielle

Kunden sind Hausbesitzer der Region (Baujahr des Hauses: vor 1970), die mindestens 50 Jahre alt sind, mit einem verfügbaren Einkommen von über 5.000 Euro. Neben diesen Strukturdaten der Kunden sind für das Kaufverhalten oftmals noch andere Größen interessant. Wichtig ist für jedes Unternehmen die Auseinandersetzung mit diesen Kunden.

Übung
Unterhalten Sie sich mit Ihren Kunden und versuchen Sie zum Beispiel diese Fragen zu klären:
1. In welchem Umfeld bewegt sich Ihr Kunde?
2. Wie wird der Kunde von seinem Umfeld beeinflusst?
3. Was denkt und fühlt Ihr Kunde?
4. Wie verhält sich Ihr Kunde in der Öffentlichkeit?
5. Was sind die größten Probleme/Herausforderungen?
6. Welche Wünsche/Vorgehensweisen hat Ihr Kunde?

Je besser Ihre Kenntnisse über die Kunden sind, umso besser können Sie Ihr Marketing auf diese ausrichten!

2.2 Der Umgang mit Geschäftskunden

Falls Sie Ihre Leistungen und Produkte an Unternehmen vertreiben oder verkaufen, dann setzen Sie sich wiederum mit einem Menschen – dem Entscheider – auseinander. Dieser ist jedoch in einer betrieblichen Funktion und dementsprechend in einer anderen Entscheidungssituation als der Kunde, der einen privaten Kauf tätigt. Zur Identifikation und Beschreibung dieser Firmenkunden sollten daher die folgenden Kriterien herangezogen werden:

Umweltbezogene Kriterien

Die Ansprache von Unternehmenskunden erfolgt sehr häufig über den Bedarf, der sich aus dem Umfeld des Unternehmens ergibt. Bei diesen Unternehmen wird dann von einem abgeleiteten Bedarf gesprochen. Ein Unternehmen, welches zum Beispiel Stahlwerke baut, hat als direkten Kunden andere Unternehmen, die ein Stahlwerk betreiben wollen. Der Bedarf nach einem Stahlwerk wird durch die Kunden des Kunden geprägt. Wenn zum Beispiel die Automobilindustrie einen steigenden Bedarf nach Stahl hat, macht es auch Sinn, ein weiteres Stahlwerk zu bauen. Daher sind die Faktoren, die den Kunden beeinflussen, von großer Bedeutung für das Marketing von deren Lieferanten.

Üblich sind Kriterien der PEST-Analyse: (P) Politische Einflussfaktoren, (E) Ökonomische Einflussfaktoren, (S) Soziale Einflussfaktoren, und Technologische Einflussfaktoren (T).

Organisationsbezogene Kriterien

Organisationsdemografische Merkmale umfassen konstituierende Merkmale und Struktur sowie Lebenszyklusmerkmale. Vielfach werden Firmenkunden nach ihrer Rechtsform (GmbH, KG, AG etc.), der Unternehmensgröße, der Anzahl der Standorte oder ihrem Alter (Gründungsunternehmen, Wachstumsunternehmen, Unternehmen in der Insolvenz) selektiert.

Individualkriterien

Innerhalb eines Unternehmens ist wichtig, wer die Kaufentscheidung beeinflusst und letztendlich trifft.

Hierzu gibt es das Konstrukt des Buying Center. Eine Kaufentscheidung in einem Unternehmen wird von einem Entscheider getroffen, vom Einkäufer ausgeführt, durch einen Berater fachlich gestützt, um einem Anwender eine Lösung zu bieten. Der Zugang zu dieser Entscheidung wird durch den sogenannten Gate Keeper beeinflusst. Dieser ist ein Einflussfaktor, der eine wichtige Position bei einem Entscheidungsfindungsprozess einnimmt. Er entscheidet darüber, ob und welche Informationen weitergeleitet werden. Es kann sich dabei beispielsweise um die Sekretärin handeln, die innerhalb des Unternehmens darüber entscheidet, welche Informationen auf den Schreibtisch des Chefs gelangen.

Abbildung 3 gibt einen Überblick über die Identifizierungs- und Beschreibungskriterien für Firmenkunden.

Umweltbezogene Kriterien
Technologische Einflüsse, ökonomische Einflüsse, Branche, Verbände, Gewerkschaften, staatliche Einflüsse
Organisationsbezogene Kriterien
Unternehmenszweck, Unternehmensgröße, Standort der Zentrale, Anzahl der Standorte, Rechtsform, Lebenszyklus
Individualkriterien
Rolle im Kaufprozess (Buying Center), Entscheidungsverhalten, Nachfrageverhalten, Einkaufsgewohnheiten

Abbildung 3: Identifizierungs- und Beschreibungskriterien für Firmenkunden

Beispiele

Eine Werbeagentur hat sich auf kreative B-to-B-Werbung spezialisiert. Ihre Zielgruppe lässt sich vermutlich wie folgt charakterisieren: Alle Werbe- und Kommunikationsentscheider in Unternehmen der Industriegüterbranche mit einer Mitarbeiteranzahl > 100.

Ein mittelständisches Unternehmen, welches eine Software für Werkstätten anbietet, definiert seine Zielgruppe wie folgt: alle Geschäftsführer und Werkstattleiter von Autohäusern und freien Reparaturwerkstätten in Deutschland.

 Analysieren Sie Ihr Buying Center! Gehen Sie hierbei die einzelnen Rollen innerhalb des Buying Centers durch!

2.3 Bestimmen Sie Ihre indirekten Kunden

Wie die Definition von Marketing im ersten Kapitel zeigt, spricht das Marketing nicht nur Kunden direkt an. Interessant sind alle Interessengruppen, die mit Kundengruppen des Unternehmens in Kontakt sind. So richten viele Unternehmen ihre Kommunikation zum Beispiel auf Zielgruppen aus.

Presse/Medien

Mithilfe der Pressearbeit versuchen Marketingabteilungen, in den für die Zielgruppe relevanten Medien präsent zu sein. Ein Fachartikel in einer relevanten Zeitschrift ist beispielsweise häufig sehr erfolgreich.

Verbände/Vereine/Netzwerke

Treffen Sie Ihre Kunden in branchenspezifischen Netzwerken. Viele Branchen sind durch Vereine oder Verbände geprägt.

Multiplikatoren/Markenbotschafter

Häufig wirken bekannte Personen als Multiplikatoren. In vielen Märkten werden Testimonials erfolgreich eingesetzt. Ein Testimonial ist eine Person, die von den Kunden des Unternehmens als kompetent erachtet wird. Die werbende Person kann somit das Unternehmen bewusst oder unbewusst repräsentieren.

Politik/Verwaltung

Für viele regional tätige Unternehmen hat die regionale Politik einen hohen Stellenwert. So können Erlasse und Ordnungen das Geschäft Ihrer Kunden beeinflussen.

Wettbewerber

Ein Unternehmen sollte seine Wettbewerber kennen und zumindest einen lockeren Kontakt pflegen. Auch wenn ein Unternehmen mit seinem Wettbewerber um dieselben Kunden konkurriert, sollte der Kontakt zu diesen gepflegt werden.

Das Erfüllen der Kundenbedürfnisse wird Ihnen gelingen, wenn Sie strategisch klug vorgehen:
- *Identifizieren und beschreiben Sie Ihre Kunden.*
- *Identifizieren und beschreiben Sie Ihre Geschäftskunden.*
- *Bestimmen Sie Ihre indirekten Kunden.*

3. Positionierung – Ihr Alleinstellungsmerkmal

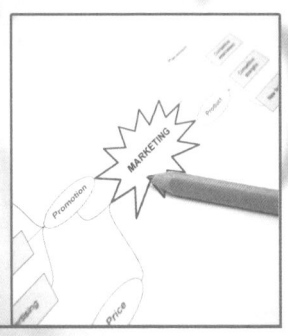

Was ist strategisches Marketing?

Warum sind Leitfragen notwendig?

Was ist Positionierung?

Welche Möglichkeiten gibt es zur Differenzierung?

Im Rahmen der Positionierung wird eine strategische Sichtweise eingenommen. Moderne, am Markt orientierte Unternehmensführung erfolgt systematisch und strategisch. Die zu treffenden Entscheidungen sind stets langfristige und globale Managemententscheidungen. Von den Entscheidungen hängt in der Regel unmittelbar der Erfolg eines Unternehmens ab.

3.1   Mit Strategie zum Erfolg

Die Positionierung im Marketing bezeichnet die gezielte und planmäßige Entwicklung und Herausstellung von Eigenschaften, durch die sich ein Unternehmen in der Einschätzung der Zielgruppen klar und möglichst positiv von anderen Anbietern am Markt unterscheidet.

Das zentrale Ziel des strategischen Marketing ist die Beantwortung der Frage, warum einige Anbieter langfristig erfolgreich sind und andere nicht. Jedes Unternehmen hat einige zentrale Fragen zu beantworten, die im Mittelpunkt der Erörterungen des strategischen Marketing stehen. Wie sehen die derzeitigen und zukünftig zu erwartenden Bedingungen aus, unter denen wir heute und in Zukunft agieren?

Übung
Stellen Sie sich folgende Fragen:
- Welche Stärken und Schwächen haben wir im Vergleich zu unserer Konkurrenz?
- Welche Chancen und Risiken bietet der Markt?
- Welche langfristigen Ziele wollen wir verfolgen?

- Welche Strategien werden zur Zielerreichung eingesetzt?
- Wie wollen wir uns im Vergleich zum Wettbewerb positionieren?
- In welchen Geschäftsfeldern wollen wir tätig sein?
- Mit welchen Maßnahmen wollen wir den Wettbewerb in den Geschäftsfeldern bestreiten?

Strategisches Marketing ist damit eine von den oberen Hierarchieebenen im Unternehmen durchgeführte längerfristige Planung mit Leit- und Lenkungsfunktions-Charakter. Auf dieser Ebene geht es um die Planung der grundsätzlichen Unternehmensstrategien, die auf die Erreichung der formulierten Unternehmensziele ausgerichtet sind. Grundlage der Ziel- und Strategie-formulierung ist eine systematische Analyse der aktuellen und zukünftig zu erwartenden Markt- und Unternehmenssituation.

Die nachfolgende Abbildung zeigt den Zusammenhang zwischen den grundlegenden Schritten im Prozess der strategischen Marketingplanung:

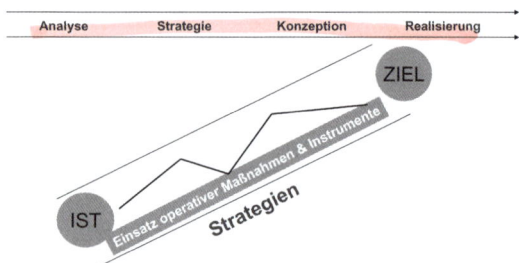

Abbildung 4: Aufgaben im Prozess der strategischen Marketingplanung

Im Rahmen der strategischen Analyse erfolgt zunächst die Ermittlung der aktuellen Ist-Situation des Unternehmens sowie des relevanten Marktes. Darauf aufbauend werden die strategischen Marketingziele formuliert (Soll-Situation) und in einem nächsten Schritt strategische Optionen für eine möglichst effektive Zielerreichung analysiert und festgelegt. Die Umsetzung dieser strategischen Optionen erfolgt dann mithilfe eines Marketingkonzeptes, welches in den unternehmerischen Teilbereichen zu realisieren ist.

Nutzen Sie verschiedene Analyseverfahren, um die *Ausgangssituation des Unternehmens möglichst genau zu bestimmen! Beschreiben und definieren Sie Ihre Zielsetzungen! Planen Sie Maßnahmen zur Erreichung der gesetzten Ziele! Führen Sie Ihre Maßnahmen durch! Abschließend sollten Sie Ihre Erfolge kontrollieren!*

3.2   Strategische Planung

Die Strategieformulierung bezieht sich auf die Ziele und Zielgruppen, den angestrebten Kundennutzen sowie die grundsätzliche Art und Weise, wie Sie Ihr Marketinginstrumentarium anwenden.
Ziele stellen eine wichtige Grundlage für eine erfolgreiche Unternehmensführung dar. Allerdings können Ziele nicht einfach in operatives Handeln umgesetzt werden. Vielmehr bedarf es für einen zielorientierten Einsatz der verschiedenen Marketinginstrumente einer strategischen Lenkung. Nur strategiegeleitet lässt sich ein Erfolg versprechender Marketingmix festlegen und

konsequent umsetzen. Strategien lassen sich insofern als konkrete Realisierungsschritte der Marketingziele interpretieren.

Bei der Ausarbeitung von Marketingstrategien bietet es sich an, sich an Leitfragen zu orientieren, die durch eine bestimmte Marketingstrategie beantwortet werden sollen. Das deutsche Handelsunternehmen Aldi positioniert sich beispielsweise eindeutig über den günstigen Preis.

In einer ersten groben Einteilung können verschiedene Kategorien unterschieden werden, die sich auf jeweils unterschiedliche Strategieinhalte beziehen (vgl. Abbildung 5).

Abbildung 5: Leitfragen des strategischen Marketing

 Orientieren Sie sich an Leitfragen! Gehen Sie alle Kategorien durch und bestimmen Sie den Inhalt jeder Kategorie! Den Ausgangspunkt Ihrer Überlegungen stellt die strategische Positionierung Ihres Unternehmens dar.

3.3 Positionierung als Zielsetzung

Mit der Positionierung bedienen Sie das „Schubladen-
denken" der Menschen – mit dem Vorteil, dass Sie Ihre
Schublade bei diesem grundlegenden Schritt der strategischen Planung selbst beschriften und gestalten können. Es geht hierbei also darum, wie Sie Ihr Unternehmen bzw. Ihre Leistungen in der Meinung und den
Vorstellungen Ihrer Kunden verankern wollen. Die
Positionierung setzt damit an drei wesentlichen Ele-
menten an: dem eigenen Unternehmen und den entsprechenden Kernkompetenzen, den Zielgruppen und
der Konkurrenz.
Abbildung 6 stellt die Eckpunkte der Positionierung
dar.

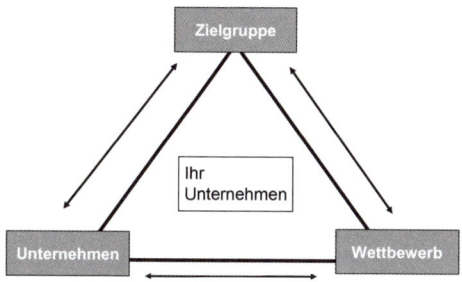

Abbildung 6: Eckpunkte der Positionierung

Positionierung zielt darauf ab,
- das eigene Angebot in der Wahrnehmung der Kunden zu verankern,
- sich vom Wettbewerb zu differenzieren,

- die Kompetenzen des Unternehmens bewusst zu machen,
- alle Maßnahmen und Aktivitäten auf ein einheitliches Erscheinungsbild hin auszurichten,
- ein wünschenswertes Angebot zu entwickeln und dieses am Markt zu kommunizieren.

Folgende Beispiele verdeutlichen, wie Marken nahezu Marktführer werden.

Beispiele
- SAP → ERP-Systeme: Enterprise Resource Planning: optimale Steuerung von Geschäftsprozessen
- Starbucks → Kaffeegenuss
- VW → Das Auto: bequemes Fortbewegungsmittel
- Google → Internet-Suchmaschine: schnelles Auffinden von Informationen

 Überlegen Sie sich genau, wie Sie sich positionieren wollen! Stellen Sie Ihr Alleinstellungsmerkmal bzw. Ihren einzigartigen Verkaufsvorteil heraus!

3.4 Möglichkeiten zur Differenzierung

Die Kunst der strategischen Positionierung des eigenen Unternehmens besteht darin, eine Fokussierung Ihres Unternehmens auf ein oder zwei Kernkompetenzen vorzunehmen. Dabei ist häufig zu beobachten, dass die verantwortlichen Personen zunächst nur an die Dimensionen Qualität und Kosten/Preis denken, um einen Wettbewerbsvorteil für ihr Unternehmen herauszuarbeiten. So zielt eine Kostenführerschaft darauf ab, die günstigste Kostenposition in der Branche zu erlangen und über diesen Kostenvorsprung auch einen größeren Spielraum bei der Preisgestaltung zu erhalten, der es dem Unternehmen ermöglicht, seine Produkte zu niedrigeren Preisen anzubieten als der Wettbewerb. Eine solche aggressive Niedrigpreispolitik ist jedoch in der Regel nur für Massenanbieter sinnvoll bzw. Erfolg versprechend, die standardisierte Leistungen in großen Mengen am Markt anbieten können.

Die Alternative der Qualitätsführerschaft zielt demgegenüber auf eine leistungsbezogene Überlegenheit des Unternehmens ab. Hier gilt es, die eigenen Produkte und Leistungen so zu gestalten, dass sie im Konkurrenzvergleich als überlegen wahrgenommen werden. Zur Illustration der strategischen Option einer Qualitätsführerschaft lassen sich vielfältige Beispiele anführen. Vor allem die Anbieter luxuriöser Uhren (z. B. Rolex), Autos (z. B. Porsche) oder Schmuckstücke (z. B. Cartier) stellen hier gewissermaßen Paradebeispiele dar.

Weitere Möglichkeiten der Positionierung

Allerdings zeigen die folgenden Dimensionen und Beispiele, dass es neben den Möglichkeiten Preis und Qualität noch weitere relevante Dimensionen für eine strategische Positionierung gibt.

Abbildung 7 stellt diese weiteren Dimensionen der strategischen Positionierung dar.

3. Positionierung – Ihr Alleinstellungsmerkmal

Positionierung	Firmenbeispiel
Qualität	Rolex, Jaguar
Preis	Aldi, Praktiker, Saturn
Image/Marke	Lacoste, Tommy Hilfiger
Service/Beratung	Dresdner Bank, Lufthansa
Design	Apple, D&G
Erlebnis	Marlboro, Red Bull
Technik	Audi, BOSE

Abbildung 7: Dimensionen der strategischen Positionierung

Die angeführten Beispiele verdeutlichen, dass – mit Ausnahme der Strategie der Preisführerschaft – eine Positionierung meist nicht nur auf einer, sondern auf mehreren Dimensionen aufbaut. So ist die Firma Apple hier als Beispiel für eine designfokussierte Positionierung angeführt. Gleichzeitig stellen Image und Marke die entscheidenden Aspekte für den Erfolg des Unternehmens dar. Ähnlich finden sich häufig Kombinationen aus Technik und Qualität oder Erlebnis und Marke.

Übung
Nutzen Sie die folgenden Fragestellungen! Sie helfen Ihnen dabei, Ihre Positionierung zu finden bzw. festzulegen:
- Wozu braucht der Markt Ihr Unternehmen bzw. Ihre Leistung?
- Was ist das Einzigartige, Besondere an Ihrem Angebot?
- Was machen Sie anders als andere?
- Was machen Sie besser als andere?
- Welchen konkreten Vorteil/Nutzen hat Ihr Kunde von Ihrem Angebot?
- Warum sollten Kunden gerade bei Ihnen kaufen?

Im Rahmen der Positionierung sollten Sie folgende Punkte beachten:

- *Ermitteln Sie die aktuelle Ist-Situation und die zukünftige Soll-Situation Ihres Unternehmens.*
- *Erstellen Sie Leitfragen des strategischen Marketing und orientieren Sie sich an diesen.*
- *Bestimmen Sie Ihre Eckpunkte der strategischen Analyse.*
- *Überlegen Sie sich, wie Sie sich differenzieren wollen.*

4. Ihre Leistungen – das Herz des Marketing

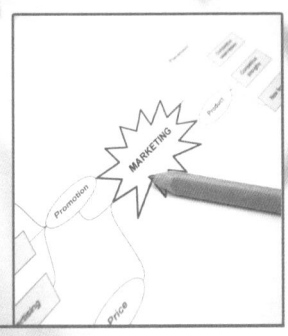

Die Umsetzung der strategischen Entscheidungen eines Unternehmens erfolgt mithilfe des Einsatzes unterschiedlicher Marketinginstrumente. Zur Systematisierung der unterschiedlichen Marketinginstrumente hat sich ein Vierer-System der Marketinginstrumente (Leistungen, Kommunikation, Preis, Vertrieb) durchgesetzt. Für die Marketingverantwortlichen eines Unternehmens stellt sich die Aufgabe, eine zielgerichtete Kombination der vier vorgestellten Instrumente des Marketing zu erreichen.

4.1 Leistungen

Die Leistungen stellen das zentrale Aktionsfeld im Marketing dar und sind nicht als rein technische, sondern als marktbezogene Aufgabe zu verstehen. Das Aufgabengebiet eines Produktmanagers lässt sich als marktgerechte Gestaltung einzelner Produkte bzw. des gesamten Leistungsprogramms charakterisieren.

Aufgaben und Entscheidungsfelder der Leistungen
Für eine systematische Erarbeitung empfiehlt es sich, zunächst die einzelnen Entscheidungsfelder anzusprechen, die im Rahmen der Leistungen von Bedeutung sind.

Leistungsgestaltung
Im Kern geht es im Rahmen leistungspolitischer Entscheidungen immer um die Gestaltung einer Leistung

bzw. des gesamten Angebotsprogramms. Dabei können nehr mehrere Ansätze zur Leistungsgestaltung unterschieden werden:

- Gestaltung der Leistungsqualität im engeren Sinne: Hierbei geht es im Wesentlichen um den Grundnutzen einer Leistung. Dies umfasst die Festlegung oder Veränderung von physikalischen, chemischen und/oder technischen Eigenschaften einer Leistung. Zudem wird die Leistungsqualität durch die Gestaltung der Leistungsfunktionen, das heißt durch die verbrauchs- und verwendungsbezogenen Eigenschaften einer Leistung beeinflusst. Dies betrifft beispielsweise die Benutzerfreundlichkeit oder die Haltbarkeit eines Erzeugnisses.
- Gestaltung des Leistungsäußeren: Hierbei geht es um die Gestaltung aller Eigenschaften, die das äußere Erscheinungsbild eines Gutes bestimmen. Neben der Leistung selbst (z. B. Form, Größe, Farbe, Materialien) spielt die Verpackung als weiteres Gestaltungsobjekt dabei eine entscheidende Rolle.
- Gestaltung sonstiger nutzenwirksamer Leistungen: Hierbei geht es vor allem um die Gestaltung des Leistungs- bzw. des Markennamens sowie das Angebot von technischen und/oder kaufmännischen Kundendienstleistungen.

Im Rahmen der Leistungsgestaltung erfolgt eine Unterscheidung zwischen der Entwicklung neuer Produkte (Produktinnovationen) und der Veränderung bestehender Produkte (Produktverbesserungen und/oder Produktdifferenzierungen). Zudem ist bezüglich leistungs- und programmpolitischer Maßnahmen auch immer wieder darüber zu entscheiden, Produkte/Leistungen aus dem Angebotsprogramm zu nehmen bzw. sie durch andere zu ersetzen (Produkteliminierung).

In Bezug auf die Entwicklung neuer Produkte weisen produktpolitische Entscheidungen häufig einen engen Zusammenhang zu den marktfeldstrategischen Überlegungen auf.

Hinsichtlich des Innovationsgrades kann zwischen echten Innovationen, quasi-neuen Produkten und Me-too-Produkten unterschieden werden. Da neue Produkte häufig auch für einen neuen Markt entwickelt werden, entspricht eine solche produktpolitische Maßnahme der marktfeldstrategischen Option der Diversifikation.

Der Innovationsprozess

Die folgende Abbildung zeigt die wichtigsten Entscheidungen, die im Rahmen der Neuentwicklung und Markteinführung eines Produktes zu treffen sind. Die Entwicklung eines neuen Produktes stellt einen sehr komplexen, kosten- und zeitintensiven Planungs- und Entscheidungsprozess dar. In einer idealtypischen Betrachtung kann ein Produktinnovationsprozess in die Phasen Ideenfindung, Konzept- und Produktentwicklung sowie Markteinführung unterteilt werden (vgl. Vahs/Burmester 2005).

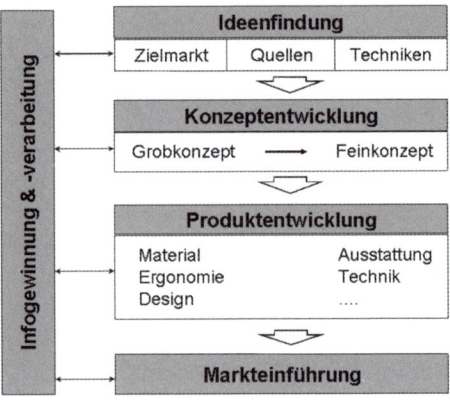

Abbildung 8: Produktinnovationsprozess

Konkret sind die einzelnen Phasen im Produktinnovationsprozess durch die folgenden Aufgaben gekennzeichnet:

Phase der Ideenfindung

Die Konzeption und Entwicklung von Produktinnovationen baut auf Ideen auf. Die Phase der Ideenfindung stellt somit den ersten Schritt einer erfolgreichen Innovation dar. Damit die Ideenfindung in die richtige Richtung verläuft, ist es erforderlich, den geplanten Zielmarkt bereits in diesem frühen Stadium des Produktentwicklungsprozesses festzulegen. Auf diese Weise sind Identifikationen der Konsumentenbedürfnisse und -präferenzen sowie eine Positionierung gegenüber der Konkurrenz möglich.

Aufgrund einer hohen Ausfallrate der Produktideen im Laufe des Innovationsprozesses ist es wichtig, in diesem Stadium möglichst viele alternative Produktvorschläge zu gewinnen. Um die Ideenvielfalt anzuheben, finden daher eine systematische Sichtung zugänglicher Quellen für Neuproduktideen sowie Methoden der Ideenfindung Anwendung (z. B. Brainstorming, Problemanalyse, Funktionsanalyse).

Den Abschluss dieser Phase bildet eine Ideenbewertung und -auswahl, um Erfolg versprechende Ideen zu bestimmen. Da die Konkretisierung einer Produktidee einen hohen Ressourceneinsatz erfordert, ist es wichtig, bereits in diesen frühen Phasen des Produktinnovationsprozesses diejenigen Vorschläge auszuwählen, deren Umsetzung Erfolg versprechend erscheint.

Phase der Konzeptentwicklung

Nach Abschluss einer ersten Grobauswahl von Ideen bleibt eine kleine Anzahl von Innovationsvorschlägen übrig, die das Produktmanagement weiterverfolgt. Der nächste Schritt besteht darin, aus den einzelnen Produktideen Produktkonzepte zu entwickeln. Die Produktkonzepte dienen als Grundlage für die Konkretisierung der gesamten Marketingkonzeption sowie die Gestaltung des physischen Produktes.

In der Regel erfolgt die Konzeptentwicklung in zwei Schritten: Zunächst werden Erfolg versprechende Produktideen in Grobkonzepte umgesetzt. Durch eine Feinauswahl werden diejenigen Konzepte bestimmt, die zunächst durch Feinkonzepte konkretisiert und später realisiert werden sollen.

Phase der Produktentwicklung

Ein als Erfolg versprechend eingestuftes Produktkonzept geht nun in die Phase der Produktentwicklung. Das Konzept selbst dient in dieser Phase als Grundlage für die physische Produktgestaltung sowie die Konkretisierung des gesamten Marketingkonzepts. Hierbei gilt es, die technischen bzw. funktionalen Produkteigenschaften zu realisieren sowie die Nutzen- und Imagevorstellungen in objektive Produkteigenschaften umzusetzen.

Phase der Markteinführung

Die Endphase der Neuproduktentwicklung kennzeichnet sich durch planerische Maßnahme, die eine erfolgreiche Durchsetzung des neuen Produktes im Unternehmen und auf dem Markt sicherstellen sollen. Wichtig ist hierbei insbesondere, den Zeitpunkt und das geografische Gebiet für die Markteinführung zu bestimmen und die geplanten Kommunikationsmaßnahmen (Ankündigung in der Presse, Produktvorstellung auf Messen etc.) sowie den Einsatz der weiteren absatzpolitischen Instrumente abzustimmen (Schulungen der Vertriebsmitarbeiter, Maßnahmen zur Verkaufsförderung etc.).

 Gut zu wissen: Innovationen im Markt zu etablieren ist eine Kunst. Die Floprate bei Produktneueinführungen liegt zwischen 60 und 80 Prozent. Der Unterschied zwischen Produktinnovation und Produktneuheit ist entscheidend!

4.2 Gestaltung des Service

Im Rahmen der Servicepolitik steht die Gestaltung der Kundendienstleistungen im Mittelpunkt. Für viele Leistungsbereiche, insbesondere im Bereich des Industriegütermarketings, sind die Kundendienstleistungen untrennbar mit dem eigentlichen Produkt verbunden. Sie beinhalten wichtige Nutzenkomponenten, die der Kunde erwartet und insofern seine Kaufentscheidung mitbestimmen. Zudem stellen der Umfang und die Qualität der angebotenen Serviceleistungen einen wesentlichen Differenzierungsfaktor im Wettbewerb dar. Ein Angebot an zusätzlichen Serviceleistungen ermöglicht eine Abhebung von der Konkurrenz und den Aufbau einer bevorzugten Stellung bei den Konsumenten.

Serviceleistungen können die Kernleistung vor, während und nach der Inanspruchnahme unterstützen. Serviceleistungen sind demnach nicht als Hauptleistung bzw. als selbstständige Leistung zu betrachten, sondern sollen den Absatz der eigentlichen Leistungen fördern.

Hinsichtlich ihrer Art können technische und kaufmännische Serviceleistungen unterschieden werden.

Technische Kundendienstleistungen

Technische Kundendienstleistungen stehen in direktem Zusammenhang mit dem eigentlichen Produkt. Sie werden in der Regel nach dem Kauf des Produktes vollzogen und häufig durch spezialisierte Einrichtungen (Kundendienstbüros, Niederlassungen) erbracht. Beispiele für technische Kundendienstleistungen sind:

Auf- bzw. Einbau von Geräten, Lieferservice sowie Wartungen und Reparaturleistungen.

Kaufmännische Kundendienstleistungen
Bei den kaufmännischen Serviceleistungen steht der Nachfrager im Mittelpunkt. Es handelt sich hierbei vor allem um Dienstleistungsangebote, die vor und während der Kaufentscheidungsphase angeboten bzw. in Anspruch genommen werden. Als wichtige Beispiele können Beratungsleistungen und Informationsangebote genannt werden. Die entsprechenden Leistungen werden häufig nicht vom Hersteller selbst, sondern von den eingeschalteten Absatzorganen übernommen.

 Erweitern Sie Ihr Produkt durch Serviceleistungen, so können Sie sich von Ihren Wettbewerbern differenzieren!

4.3 Eine attraktive Sortimentsgestaltung

In den meisten Fällen stellt ein Unternehmen nicht nur ein einzelnes Produkt her. Unternehmen mit einem ausgeweiteten Sortiment verfügen über ein umfassenderes Leistungsprogramm. In einem solchen Fall müssen leistungspolitische Entscheidungen immer im Kontext des gesamten Produktions- und Absatzprogramms getroffen werden, um damit eine optimale Programmgestaltung realisieren zu können.

Definition Produktions- und Absatzprogramm
„Das Produktionsprogramm eines Unternehmens ist die Summe der von diesem Unternehmen tatsächlich

erstellten Leistungen. Das Absatzprogramm eines Unternehmens ist die Summe der von diesem Unternehmen tatsächlich angebotenen Leistungen."(Scharf/ Schubert 2009)

Das Produktions- und das Absatzprogramm eines Unternehmens stimmen nur zum Teil überein. In vielen Fällen kauft ein Unternehmen zur Abrundung seines Angebots bestimmte Erzeugnisse von anderen Anbietern ein. Auch ein Angebot ergänzender Dienstleistungen kann als eine Abrundung des Angebotsprogramms interpretiert werden.

Das Programm eines Unternehmens weist immer mehrere Dimensionen auf, in denen jeweils unterschiedliche leistungspolitische Gestaltungen vollzogen werden können. Im Bereich des Handels wird statt von Programm häufig von einem Sortiment gesprochen.

Zur Beschreibung der Struktur des Produktions- und/ oder des Angebotsprogramms eines Unternehmens werden vor allem die folgenden vier Dimensionen herangezogen:

Programmstruktur
Was in einem Programm angeboten wird, lässt sich anhand unterschiedlicher Kriterien strukturieren und als Programmstruktur darstellen. So ist beispielsweise eine Strukturierung nach der Herkunft, dem Material, der Zielgruppe und/oder der Preislagen möglich. Unter Entwicklungsaspekten wird auch in ein Normalprogramm bzw. -sortiment (unverzichtbar), Trendprogramm bzw. -sortiment (z. B. Modeartikel) und ein

Testprogramm bzw. -sortiment (neu, vorläufig) einge-
teilt.

Programmbreite
Die Programmbreite beschreibt die Anzahl von Pro-
duktarten, die von einem Unternehmen geführt werden. Aus Kundensicht bestimmt die Programmbreite
die Anzahl additiver Kaufmöglichkeiten, die ein Unternehmen anbietet.

Programmtiefe
Mit der Programmtiefe wird die Anzahl der Artikel
und Sorten, die innerhalb einer bestimmten Produktart
angeboten werden, bezeichnet. Aus Sicht der Kunden
ergibt sich hieraus die Anzahl alternativer Kaufmöglichkeiten eines Unternehmens, zwischen denen die
Kunden wählen können.

Programmniveau
Das Programmniveau bzw. Programmlevel legt das
Qualitätsniveau eines Unternehmens fest. Dieses hängt
vor allem von der gewählten Wettbewerbsstrategie
(Preisführerschaft vs. Qualitätsführerschaft) ab und
spiegelt sich dementsprechend stark in den Preisen der
angebotenen Leistungen wieder. Das angebotene Qua-
litäts-, Service- und Preisniveau stellt die wesentlichen
Einflussfaktoren des Programmniveaus dar.
In Anlehnung an die Entscheidungsmöglichkeiten ein-
zelner Produkte kann auch auf der Programmebene
zwischen Programmerweiterungen (Einführung neuer
Produkte/Innovationen, Angebot weiterer Sorten im
Sinn weiterer differenzierter Produktangebote) und Pro-

grammbereinigungen (Eliminierung von Produkten) unterschieden werden.

Zusätzlich können auf der Ebene des Programmniveaus Entscheidungen über ein Trading-up (Strategie eines Unternehmens, die darin besteht, Beratung, Service und Geschäftsausstattung auszubauen, um durch qualitativ bessere Leistungen Kunden stärker an das Unternehmen binden und höhere Preise erzielen zu können – strategische Richtung: Qualitätsführerschaft) oder ein Trading-down (Trend zu niedrigpreisigen Produkten und Leistungen – strategische Richtung: Preis- und Kostenführerschaft) getroffen werden.

Im Rahmen der Leistungsgestaltung sollten Sie Folgendes beachten:

- *Leistungen sind ist als marktbezogene Aufgabe zu verstehen.*
- *Der Produktinnovationsprozess kann in die Phasen Ideenfindung, Konzept- und Produktentwicklung sowie Markteinführung unterteilt werden.*
- *Serviceleistungen stellen einen wesentlichen Differenzierungsfaktor im Wettbewerb dar.*
- *Das Produktions- und/oder das Angebotsprogramm eines Unternehmens wird durch die Programmstruktur, -breite, -tiefe bzw. das Programmniveau beschrieben.*

5. Kommunikation im Marketing

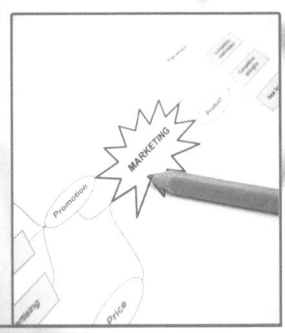

Wie funktioniert das Direktmarketing?

Seite 52

Wo liegen die Vorteile einer Messe?

Seite 54

Welche Maßnahmen gibt es zur Optimierung des Online-Marketing?

Seite 55

Im Rahmen der Kommunikationspolitik geht es um die Darstellung der Unternehmensleistungen. Wesentlich ist dabei das Ziel, auf die Kenntnisse, Einstellungen und Verhaltensweisen (Kaufverhalten, positive Mund-zu-Mund-Propaganda) von Marktteilnehmern einzuwirken. Im Rahmen einer integrierten Unternehmenskommunikation müssen sämtliche Kommunikationsinstrumente einheitlich und wirksam auf die relevanten Zielgruppen ausgerichtet sein. Zielgruppen können Kunden, Öffentlichkeit, Politik und Beamte sein.

5.1 Werbung

Klassische Werbung lässt sich ganz allgemein als unpersönliche Form der Massenkommunikation beschreiben, bei der durch den Einsatz von Werbemitteln (z. B. Anzeige, TV-Spot) in bezahlten Werbeträgern (z. B. Zeitung, Zeitschrift, TV-Sendung) versucht wird, die unternehmensspezifischen Zielgruppen anzusprechen und zu beeinflussen.

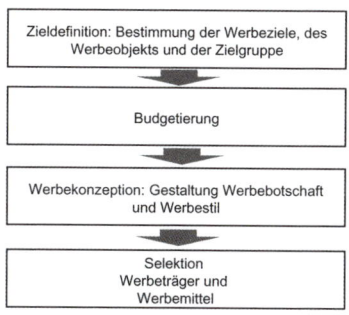

Abbildung 9: Planungsprozess der klassischen Werbung

Der Planungsprozess der klassischen Werbung umfasst mehrere Teilschritte. Im Rahmen der Zieldefinition sind zunächst die Werbeziele, das Werbeobjekt und die werblichen Zielgruppen festzulegen. Es folgt die Bestimmung der Höhe des Werbebudgets und der Inhalte der Werbebotschaft. Diese Botschaft wird in eine entsprechende Gestaltung von Werbemitteln (z. B. Anzeigen) umgesetzt und über Werbeträger an die Zielgruppen herangetragen. Hierfür sind Werbeträgergruppen (z. B. TV, Radio, Zeitschriften) auszuwählen und innerhalb der Werbeträgergruppe einzelne Medien zu belegen (z. B. Stern im Bereich der Zeitschriften).

Funktionsweise des Direktmarketing

Das Direktmarketing ist eines der Kommunikationsinstrumente (neben den Instrumenten Sponsoring und Eventmarketing), welches in den letzten Jahren zunehmend an Bedeutung gewonnen hat. Die Gründe hierfür sind vielfältig. Die hohen Wachstumsraten des Direktmarketing lassen sich vor allem auf die folgenden Bestimmungsfaktoren zurückführen:

- dynamische Marktentwicklung mit zunehmender Wettbewerbsintensität,
- Informationsüberlastung der Konsumenten,
- Kostensteigerung beim Einsatz von Außendienstmitarbeitern,
- Entwicklung innovativer Kommunikationstechnologien.

Konstitutives Merkmal des Direktmarketing ist der direkte Kontakt zum Kunden. Dies bedeutet, dass eine individualisierte Ansprache der aktuellen und potenziellen Kunden erfolgt. Eine solche direkte Ansprache aktueller oder potenzieller Kunden ist mithilfe unterschiedlicher Maßnahmen möglich. Grundlegend können die folgenden drei Erscheinungsformen des Direktmarketing unterschieden werden.

Passives Direktmarketing

Hier geht es darum, dass Konsumenten auf das Leistungsangebot eines Unternehmens aufmerksam gemacht werden (z. B. durch Werbebriefe, Mailings, Flyer und Produktbroschüren), ohne dass durch das Medium selbst ein direkter Kundendialog entsteht.

Reaktionsorientiertes Direktmarketing

Mit der Ansprache eines Kunden wird diesem eine direkte Möglichkeit zur Reaktion gegeben und damit der Dialog zwischen Anbieter und Nachfrager initiiert. Dies ist beispielsweise bei Werbebriefen mit Rückantwortkarten, TV- und Radiospots, bei denen eine Telefonnummer zur Kontaktaufnahme eingeblendet bzw. genannt wird, sowie bei Zeitschriftenanzeigen mit Antwortcoupons der Fall.

Interaktionsorientiertes Direktmarketing

Diese dritte Möglichkeit ist dadurch gekennzeichnet, dass Anbieter und Nachfrager in einen unmittelbaren Dialog eintreten und somit ein gegenseitiger Informationsfluss möglich wird. Möglich ist dies insbesondere in Form eines persönlichen, direkten Gesprächs zwischen dem Unternehmen und seinen Kunden (z. B. über Außendienstmitarbeiter oder Telefonhotline).

Nutzen Sie das Direktmarketing, um Ihre Kunden anzusprechen! Es ist ein wirksames Instrument der Verkaufsförderung durch Neukundengewinnung, wenn es gelingt, die Zielgruppe für die Direktwerbung möglichst genau zu selektieren.

5.2 Events/Messen

Das Kommunikationsinstrument kann wie folgt charakterisiert werden: Eine Messe ist eine zeitlich begrenzte Veranstaltung und findet im Allgemeinen wiederholt statt. Auf der Messe stellt eine Vielzahl von Ausstellern das wesentliche Angebot eines oder mehrerer Wirtschaftszweige aus. Dieses Angebot gilt vornehmlich für gewerbliche Wiederverkäufer, gewerbliche Verbraucher oder Großabnehmer. Die Teilnehmer einer Messe verfolgen verschiedenste Ziele mit ihrer Teilnahme:

- Kontaktziele (Neukunden, Kontaktpflege),
- Verkaufsziele (Verkaufsabschlüsse, Verkaufsanbahnungen),
- Präsentationsziele (Produkteinführungen, Anwendungsdemonstrationen),
- Distributionsziele (neue Handelspartner, Kooperationsvereinbarungen),
- Informationsziele (Informationen über den Wettbewerb, Marktforschung).

Messen spielen vor allem im Bereich des B-to-B-Marketing eine bedeutende Rolle. Im Vergleich zu anderen Kommunikationsinstrumenten lassen sich bei der Messe einige eindeutige Vorteile herausstellen. Zum einen liegt der Fokus im Bereich der Messen auf der persönlichen Ansprache der Kunden (Face-to-Face), wodurch eine interaktive Kommunikation ermöglicht wird. Zum anderen werden auf einer Messe die Streuverluste stark verringert, da diese im Allgemeinen schon eine eingegrenzte Zielgruppe anspricht. Zudem kann das Produkt, welches in den anderen Kommunikationsinstrumenten meist eindimensional präsentiert wird, auf einer Messe in einem dreidimensionalen Raum präsentiert werden. Auch die Verkaufsabschlüsse sind direkt möglich. Der Kunde muss nicht, wie in den meisten anderen Fällen, erst zum Point of Sale (POS), um das Produkt zu erwerben, sondern kann den Kaufakt direkt vollziehen. Da auf der Messe der ganze Wettbewerb vertreten und somit ein hoher Grad an Transparenz geboten ist, hat die Messe ebenfalls im Bereich der Marktforschung klare Vorteile gegenüber den anderen Kommunikationsinstrumenten vorzuweisen.

Nutzen Sie die Vorteile einer Messe! Auf diesem Weg *können Sie Ihre Kunden direkt ansprechen. Ihre Streuverluste werden stark verringert!*

5.3   Online-Marketing

Durch die Omnipräsenz des Internets, schnellere Übertragungsraten und neue Technologien hat die Bedeutung des Online-Marketing in den vergangenen Jahren stark zugenommen. Mittlerweile können über zwei Drittel der Bundesbürger online erreicht werden, bei den jüngeren Bevölkerungsschichten beträgt die Verbreitung des Internets nahezu 100 Prozent. Parallel dazu finden auch immer mehr Unternehmen den Weg ins Internet: 78 Prozent der deutschen Unternehmen verfügen über eine eigene Internetpräsenz.

Das übergeordnete Ziel der Maßnahmen im Online-Marketing ist es in der Regel, Besucher auf die eigene Website zu lenken, um dort Umsätze zu generieren oder anzubahnen. Zu diesen Maßnahmen zählen die folgenden:

Suchmaschinenoptimierung

Suchmaschinen spielen eine erhebliche Rolle bei der Generierung von Websitebesuchern (Traffic). So nutzen ca. 88 Prozent aller Internetnutzer Suchmaschinen, um Informationen im Internet zu finden. Eine hohe Position für häufig gesuchte Begriffe stellt daher einen wichtigen Wirtschaftsfaktor dar. Im Rahmen der Suchmaschinenoptimierung wird versucht, die Website sowie deren Umfeld so gut wie möglich an die Anforderungen der Suchmaschinen anzupassen und so das Ranking der Website zu beeinflussen.

Neben der Programmierung der Website spielen vor allem die Verteilung der Suchbegriffe im sichtbaren Seitentext sowie die Anzahl und Qualität der eingehenden Links (Backlinks) eine wichtige Rolle.

Keyword-Advertising

Keyword-Advertising (häufig auch Suchmaschinenmarketing [SEM] genannt) ist eine Form der Online-Werbung, bei der Anzeigenplätze auf den Ergebnisseiten von Suchmaschinen genutzt werden. Der Anzeigenkunde bucht eine beliebige Anzahl von

Suchbegriffen. Gibt ein Suchmaschinennutzer einen dieser Suchbegriffe ein, wird die Anzeige neben den normalen Suchergebnissen eingeblendet. Die Bezahlung erfolgt in der Regel für jeden erfolgten Klick auf die Anzeige.

Display-Advertising

Nicht nur Suchmaschinen, sondern auch viele andere Websites stellen Anzeigenplätze zur Verfügung. Anzeigenkunden buchen diese Plätze, um dort Online-Anzeigen (Banner) zu schalten. Durch neue Technologien können diese Banner nicht nur statische Bilder oder bewegte Animationen, sondern auch multimediale und interaktive Elemente enthalten.

Die Abrechnung erfolgt entweder ähnlich dem Keyword-Advertising auf Klickbasis oder auf Basis von Impressionen, z. B. mit einem fixen Betrag pro 1.000 Einblendungen.

E-Mail-Marketing

Das Versenden von Mailings und Newslettern über das Internet bietet gegenüber dem herkömmlichen Versand von Werbebriefen einige Vorteile. Neben einer genaueren Messbarkeit, einer schnellen Versandgeschwindigkeit und optimalen Personalisierungsmöglichkeiten stechen besonders die sehr geringen Kosten pro Empfänger hervor. Diese Vorteile öffnen allerdings auch dem Versand unerwünschter Werbemails (Spam) Tür und Tor, sodass sich E-Mail-Marketer ständig mit neuen Herausforderungen konfrontiert sehen (Spamfilter, Informationsüberflutung und Misstrauen seitens der Empfänger etc.). Nichtsdestotrotz können durch die geschickte

Verwendung von Newslettern und Mailings hohe Response-Raten erzielt werden.

Social Networking

Ein weiterer Trend ist das Social Networking. Wie der Name schon sagt, geht es darum, sich online mit anderen Menschen zu vernetzen. Zu diesem Zweck wurden unzählige Networking-Plattformen geschaffen, die sich teils an die Allgemeinheit, teils an sehr spezifische Personengruppen richten. Manche Netzwerke wie Facebook oder studiVZ waren ursprünglich auch nur für einen bestimmten Personenkreis gedacht (in beiden Fällen Studenten), zogen dann aber auch weitere Nutzer an.

Innerhalb dieser sozialen Netzwerke kann jedes Mitglied eine persönliche Seite einrichten (Profil) und sich so anderen Nutzern präsentieren. Darüber hinaus können interne Nachrichten verschickt, Gruppen zu gemeinsamen Interessen gebildet oder gemeinsame Aktivitäten geplant werden.

Unternehmen haben hier die Möglichkeit, ihre eigene Unternehmensseite zu erstellen, auf denen sie ihre Produkte vermarkten können. Der Dialog mit den Kunden ist von enormer Bedeutung, es geht in erster Linie um den Austausch bzw. die Interaktion mit dem Kunden. Beispielsweise nutzen Coca-Cola und Starbucks die Facebook-Fanpages mit über vier Millionen Mitgliedern! Die Marken stehen im Mittelpunkt der Kommunikation und die Fanpage unterstützt die anderen Maßnahmen der Unternehmen. Auch für kleine und mittelständische Unternehmen bieten Fanpages Vorteile. Durch die Errichtung einer Unternehmensseite soll eine längerfristige bilaterale Beziehung zum Kunden aufgebaut werden. Die Botschaft und die Marke lassen sich

viral verbreiten. Unternehmer erreichen genau ihre Zielgruppen und bestehende Kunden, da Fans freiwillig
Fans werden.

Im Business-Bereich besonders interessant ist XING.
Diese Plattform hat sich auf den Business-Bereich spezialisiert. Hier besteht die Möglichkeit, über die Bil-
dung von Gruppen Diskussionsmöglichkeiten zu nahezu allen Bereichen zu schaffen. In diesen Gruppen kann
Wissen an andere Personen weitergeleitet werden.
Gleichzeitig kann auf Tipps und Erfahrungen anderer
Gruppenmitglieder zurückgegriffen werden. Ziel ist es,
Networking zu betreiben. Unternehmer stellen sich
selbst, ihre Geschäftsidee und ihr Unternehmen vor
und knüpfen wertvolle Kontakte.

So gestalten Sie die Kommunikation im Marketing:
- *Nutzen Sie die klassische Methode der Werbung.
  Planen Sie den gesamten Prozess!*
- *Nutzen Sie das Direktmarketing. Suchen Sie den
  direkten Kontakt zum Kunden!*
- *Nutzen Sie den Auftritt auf Messen. Erweitern Sie
  Ihr Kundennetzwerk!*
- *Nutzen Sie neue Trends im Online-Marketing!*

6. Preis im Marketing

Welche Preisentscheidungen gibt es?

Welches ist der richtige Preis?

Welche Preislagen gibt es?

Im Rahmen der aktiven Preisgestaltung geht es um die Festlegung des Preisniveaus der anzubietenden Leistungen. Neben der Frage, zu welchen Anlässen Preisentscheidungen zu treffen sind, werden drei Kernfragen beantwortet:

• Wie sollen die Preise gebildet werden?
• Welches Preisniveau möchte das Unternehmen langfristig bedienen?
• Welche operativen Preise sollen angewendet werden?

6.1 Preisentscheidungen

Preisentscheidungen sind im Unternehmen zu unterschiedlichen Anlässen und in unterschiedlichen Situationen zu treffen.

Erstmalige Festlegung des Preises

Eine erstmalige Festlegung eines Preises ist bei der Entwicklung und Markteinführung eines neuen Produktes erforderlich. Auch bei der Aufnahme eines neuen Produktes in das eigene Absatzprogramm oder beim Eintritt in einen neuen Absatzmarkt ist der Preis für ein Erzeugnis erstmalig zu bestimmen.

Laufende Preisänderungen

Im Verlauf des Lebenszyklus eines Produktes werden in der Regel gelegentliche Preisanpassungen bzw. -änderungen vorgenommen. Anlässe für solche preispolitischen Entscheidungen sind beispielsweise Veränderungen in der Kostensituation in Beschaffung, Produktion oder im Vertrieb, Veränderungen in der Konkurrenzsituation (z. B. Markteintritt neuer Konkurrenten, Preisänderungen der Konkurrenz), veränderte gesetzliche Regelungen (z. B. Erhöhung der Mineralölsteuer) oder Veränderungen im Verhalten der Kunden (z. B. verstärkte Preisorientierung der Kunden).

Einmalige Anlässe
Neben gelegentlichen laufenden Preisanpassungen können auch einmalige Situationen den Anlass für eine Preisänderung geben. Dies ist beispielsweise der Fall bei einem Abverkauf, bei einem Rückzug vom Markt oder bei Sonderverkäufen (z. B. Jubiläumsverkauf, Saisonschlussverkauf).

Der Preis ist der effektivste Gewinntreiber! Legen Sie Ihren Preis erstmalig fest! Führen Sie gelegentlich Preisanpassungen bzw. -änderungen durch! Es können sich auch einmalige Situationen für Preisänderungen ergeben.

6.2   Der richtige Preis

Was ist eigentlich ein guter Preis? Diese Frage klingt so banal und ist gleichzeitig auch sehr schwer zu beantworten. Denn um den optimalen Preis zu finden, müssen gleichzeitig verschiedene Aspekte und Einflussfaktoren berücksichtigt werden.
Bei der Gestaltung des optimalen Angebotspreises eines Produktes müssen unterschiedliche Bereiche berücksichtigt werden: die Kostensituation im eigenen Unternehmen, die Preisgestaltung der Konkurrenten sowie die Nachfragersituation. Entsprechend dieser

drei Bereiche können kostenorientierte, konkurrenz-
orientierte und markt- bzw. nachfragerorientierte Ver-
fahren zur Preisbestimmung unterschieden werden.
Die markt- bzw. nachfragerorientierte Festsetzung des
Angebotspreises basiert auf der Einschätzung des Preis-
verhaltens der Konsumenten. Hierbei sind vor allem die
folgenden psychologischen Faktoren von Bedeutung.

Preisinteresse
Das Preisinteresse lässt sich als das Bedürfnis eines
Nachfragers nach Preisinformationen definieren, die er
bei seinen Kaufentscheidungen berücksichtigt. Die
Berücksichtigung des Preisinteresses der Kunden bei
der Preisfestlegung ist vor allem wichtig, weil in den
letzten Jahren ein deutlicher Trend zu einem stärkeren
Preisinteresse beobachtet werden konnte. Dabei zeigt
sich in vielen Branchen und Produktbereichen eine
stärkere Preissensibilität vieler Konsumenten.

Beurteilung der Preisgünstigkeit
Bei der Beurteilung der Preisgünstigkeit wird der Preis
eines Erzeugnisses im Vergleich zu den Preisen der
Konkurrenzprodukte beurteilt und bei den anstehen-
den Kaufentscheidungen berücksichtigt.

Beurteilung der Preiswürdigkeit
Das Kriterium der Preiswürdigkeit bezieht sich auf das
wahrgenommene Preis-Leistungs-Verhältnis und lässt
sich insofern als Vergleich zwischen Preis und wahrge-
nommener Qualität einer Leistung interpretieren.
Neben der nachfragerorientierten Preisfestlegung wird
in der Unternehmenspraxis häufig auch ein konkurrenz-

orientiertes Vorgehen gewählt. Hier bieten sich grundlegend drei strategische Optionen an.

Preisfestsetzung unterhalb der Konkurrenzpreise

Bei dieser Alternative wird eine preisliche Unterbietung der Konkurrenzangebote angestrebt. Ein solches Vorgehen findet sich häufig in Zusammenhang mit einer strategischen Ausrichtung einer Preis- bzw. Kostenführerschaft. Die niedrigen Umsätze pro Stück sollen durch hohe Absatzmengen ausgeglichen werden. Zudem wird eine Preisstellung unterhalb der Konkurrenz häufig beim Eintritt in einen neuen Markt gewählt, vor allem wenn es sich bei dem angebotenen Erzeugnis um ein Me-too-Produkt (Imitation) handelt.

Preisfestsetzung auf Konkurrenzpreisniveau

Die eigene Preissetzung orientiert sich an einem (oder mehreren) Preisführern im Markt. Ein solches Vorgehen ist vor allem geeignet, um Preiskämpfe zu vermeiden, und empfiehlt sich vor allem für Märkte mit homogenen Produkten (z. B. Mineralölbranche).

Preisfestsetzung oberhalb der Konkurrenzpreise

Ein solches Vorgehen ist nur bei einer ausgeprägten Qualitätsführerschaft im Rahmen einer Präferenzstrategie Erfolg versprechend. Die Option wird vor allem bei sehr innovativen Produkten oder bei prestigeträchtigen Marken gewählt.

Preisentscheidungen werden
- *durch die Kostenstruktur im eigenen Unternehmen,*
- *durch die Preisgestaltung der Konkurrenten,*
- *durch die Nachfragesituation beeinflusst!*

6.3 Preislagen bestimmen und differenzieren

Bei der strategischen Ausrichtung eines Unternehmens stellt sich im Rahmen der Preisbestimmung die Frage, in welcher Preislage das Unternehmen seine Leistungen positionieren möchte: Discount, Mitte, Premium oder Luxus.

Discountstrategie
Die Discountstrategie unterstellt eine konsequente Ausrichtung an niedrigsten Preisen. Die Leistungen, die Unternehmenskommunikation und die Vertriebswege werden auf günstige Preise ausgerichtet. Billigstrategien sind nicht mit Discountstrategien gleichzusetzen. Nur wenn Preis und Leistungen auf gleichem Niveau sind, ist eine Strategie langfristig stabil.

Strategie der Mitte
In der Mittelpreislage finden sich in der Regel Produkte, die einzelne Differenzierungsmerkmale aufweisen, um nicht auf Discountniveau zu agieren. Leistungen der Mittellage haben also keinen Premiumcharakter.

Premiumstrategie
Eine Premiumpreislage ist durch ein überdurchschnittliches Qualitätsniveau gekennzeichnet. Dieses Qualitätsniveau lässt sich preislich im Markt realisieren. Premiumleistungen benötigen daher auch Premiumpreise, um langfristig die überlegene Leistung finanzieren zu können.

Luxus

Luxuspreislagen übersteigen preislich so weit den Markt, dass sie keinen Bezug mehr zu diesem aufweisen. Luxusprodukte sind durch Handarbeit gekennzeichnet und weisen dadurch einen anderen Produktcharakter auf. Einige Zielgruppen sind für die Exklusivität eines Luxusproduktes bereit, deutlich höhere Preise zu zahlen als für das Durchschnittsprodukt.

Die Preisdifferenzierung

Neben der Preislagenbestimmung stellt die Preisdifferenzierung einen zweiten wichtigen Bereich im Rahmen strategischer Preisentscheidungen dar. Preisdifferenzierung liegt vor, wenn für eine gleichartige Leistung bewusst und systematisch unterschiedliche Preise gefordert werden. Auch bei der Preisdifferenzierung erfolgt eine Unterschiedung in mehreren Ausgestaltungsformen:

- Zeitliche Preisdifferenzierung: In Abhängigkeit vom Verkaufszeitpunkt findet eine unterschiedliche Festlegung des Preises statt. Ziel ist es, eine gleichmäßige Kapazitätsauslastung zu erreichen. Beispiele dieser strategischen Alternative sind günstigere Angebote in verkaufsschwachen Monaten, Preissenkungen zum Ende des Produktlebenszyklus oder günstige „Kennenlern-Preise".

- Räumliche Preisdifferenzierung: In Abhängigkeit des Absatzgebietes erfolgt eine unterschiedliche Bepreisung.

- Personelle Preisdifferenzierung: Produkte werden für einzelne Kundensegmente zu unterschiedlichen Preisen angeboten, um so die ungleichen Preisbereitschaften der Kundengruppen zu berücksichtigen. Beispiele für eine personelle Preisdifferenzierung sind Vergünstigungen für Schüler, Studenten oder Rentner; Sonderkonditionen für Firmenangehörige, Mitarbeiter des öffentlichen Dienstes oder Journalisten oder Vergünstigungen bei einer Zugehörigkeit zu einer bestimmten Gruppe (z. B. bei Vereinsmitgliedern).

- Mengenbezogene Preisdifferenzierung: In Abhängigkeit der Verkaufsmenge der Produkte findet eine unterschiedliche Festlegung des Preises statt. Es handelt sich hierbei praktisch um einen Mengenrabatt, also um eine systematische Gewährung von Preisnachlässen, die sich entsprechend der nachgefragten Menge staffeln.

Im Rahmen der Preispolitik sollten Sie über folgende
Themen Bescheid wissen:
- *Erstmalige Bestimmung des Preises*
- *Einflussfaktoren von Preisentscheidungen*
- *Preisdifferenzierungen: Die Grundidee besteht darin, dass Kunden unterschiedliche Preisbereitschaften aufweisen und diese durch eine entsprechende Preissetzung abgeschöpft werden. Dienstleistungen bieten ein ideales Feld für alle Arten von Preisdifferenzierungen und komplexen Preisstrukturen.*

7. Vertrieb

Über welche Wege können Leistungen vertrieben werden?

Seite 69

Welche Fragen gehören zu einer Marketingplanung?

Seite 71

Der Vertrieb bezieht sich auf alle Entscheidungen und Handlungen, die mit dem Weg einer Leistung vom Hersteller bis zum Endkäufer, das heißt von der Produktion bis zum Konsum bzw. zur gewerblichen Verwendung, in Verbindung stehen.

7.1 Wege der Leistungen zum Käufer

Die Hauptaufgaben des Vertriebs sind die systematische Generierung und Sicherung vom Umsatz. Das Vertriebsmanagement umfasst dabei alle Maßnahmen, die eine Leistung vom herstellenden Unternehmen bis zu den Kunden bringt. Wichtig hierbei ist ebenfalls der Prozess der Kontaktanbahnung mit den Kunden.

Folgende Aufgaben sind Kennzeichen für das Vertriebsmanagement:

- Motivation, Bewertung der Mitarbeiter (Mitarbeiterführung)
- Festlegung der Umsatzpotenziale von Kunden und Kundengruppen (Kundenpotenzialmanagement)
- Anwendung der vertrieblichen Steuerungselemente (Kennzahlensystem für den Vertrieb)

Wahl und Gestaltung des Vertriebsweges

Jedes Unternehmen muss für sich klären, durch welche Absatz- bzw. Vertriebsorgane die erforderlichen Aufgaben auf dem Weg der Leistungen vom Produzenten zum Konsumenten übernommen werden sollen.

Als Vertriebsorgane bezeichnet man alle Personen und Institutionen, die auf dem Weg eines Produktes vom

Hersteller bis hin zur nächsten Absatzstufe Vertriebsaufgaben wahrnehmen.

Der Vertriebskanal fasst alle an der Abwicklung von
Vertriebsaufgaben beteiligten Organe zusammen.
Grundsätzlich kann hierbei zwischen direktem und
indirektem Vertriebskanal unterschieden werden.

Direkter Vertrieb

Beim direkten Vertrieb verkauft der Produzent seine
Produkte direkt an die Kunden. Das heißt, der Hersteller gestaltet die Warenverkaufsprozesse selbst, ohne
rechtlich und wirtschaftlich selbstständige Handelsunternehmen einzuschalten. Auf diese Weise besteht ein
direkter und unmittelbarer Kontakt zwischen Hersteller und Endverbrauchern. Direkte Vertriebssysteme
spielen vor allem im Industriegüterbereich eine wichtige Rolle. Die absatzpolitischen Aufgaben können dabei
sowohl durch eigene/unternehmensinterne Organe
(Verkaufsabteilung, Außendienstmitarbeiter, Reisende,
Verkaufsniederlassung etc.) als auch durch fremde/un-
ternehmensexterne Organe (z. B. Handelsvertreter,
Makler) übernommen werden. Insbesondere bei großen Unternehmen werden häufig eigene Verkaufs-
stützpunkte, Fabrikläden (sogenannte Factory Outlet
Stores) oder Verkaufsniederlassungen in den direkten
Absatzweg eingeschaltet.

Eine weitere Form des direkten Vertriebs stellt der
Verkauf über das Internet dar (E-Commerce). Hier
bieten Unternehmen auf ihrer Homepage bzw. in einem speziellen e-Shop ihre Leistungen zum Verkauf
an. Die Kontaktaufnahme, der Informationsaustausch
sowie der Vertragsabschluss finden auf elektronischem

Weg statt. Lediglich die Warenauslieferung findet (mit der Ausnahme von digitalen Gütern) auf dem physischen Weg statt.

Indirekter Vertrieb

Beim indirekten Vertrieb sind Absatzmittler – Einzel- und/oder Großhändler – in den Distributionsweg eingeschaltet. Dies bedeutet, dass der Produzent einen Großteil der Handelsaufgaben an die eingeschalteten Handelsunternehmen überträgt. Indirekte Vertriebssysteme spielen im Konsumgüterbereich die wichtigste Rolle, da es hier um die Versorgung eines Massenmarktes geht und ein direkter Kontakt zwischen Hersteller und Endverbraucher somit nicht sinnvoll bzw. möglich wäre.

Für den indirekten Vertriebsweg ist zudem eine Unterteilung in einen einstufigen indirekten Vertrieb (Hersteller verkauft an Einzelhändler und dieser an die Endkunden) und einen mehrstufigen indirekten Vertriebsweg (Großhändler und Einzelhändler an Warenverkauf beteiligt) üblich.

Übung
Für Ihre Marketingplanung sollten Sie die folgenden Fragen beantworten können:
- Wie werden unsere Produkte vertrieben?
- Wieso werden diese Vertriebswege gewählt?
- Wann nutzen die Kunden verschiedene Vertriebswege?
- Wie betritt oder gestaltet man neue Vertriebswege?
- Welchen Vorteil haben diese Vertriebswege?
- Wie nutzen verschiedene Zielgruppen die unterschiedlichen Vertriebswege?

7.2 Vertrieb und Marketing

In vielen Unternehmen existiert organisatorisch eine Trennung zwischen Vertrieb und Marketing. Diese organisatorische Trennung führt auch in der Regel zu unterschiedlichen Sichtweisen auf den Markt. Während der Vertrieb an Zielen wie „realisierter Umsatz", „Anzahl der gewonnenen Kunden" oder der realisierten Gewinne auf der Basis von kurzfristigen Quartalszahlen gemessen werden, interessiert sich eine Marketingabteilung eher für Fragestellungen wie zum Beispiel: Wie wird unser Unternehmen wahrgenommen? Wie viele Kontakte hat unsere Werbekampagne mit der Zielgruppe? Ist unsere Kampagne auffällig?

Diese unterschiedlichen Ziele führen dann regelmäßig zu Differenzen und zu einer wenig konstruktiven Zusammenarbeit. Eine produktive Zusammenarbeit ist jedoch ein wesentlicher Erfolgsfaktor im Marketing.

Mit einem strukturierten Kampagnenmanagement versucht man hier Abhilfe zu schaffen. Das bedeutet, die Marketing- und die Vertriebsabteilung versuchen mit einem strukturierten Projekt, Marketing- und Vertriebsziele gemeinsam abzustimmen und die Marketing- und Vertriebsaktivitäten zu koordinieren.

Ein Kampagnenleitfaden ist dabei sehr häufig das hilfreiche Instrument für die Umsetzung. Dieser Leitfaden könnte die folgenden Inhalte haben:

Kampagnenleitfaden
1. Unser Produkt/Unsere Leistung
2. Kurzbeschreibung der Leistung
3. Zielgruppe
4. Ökonomische Ziele der Kampagne
5. Sonstige Ziele der Kampagne
6. Positionierung der Leistung
7. Argumente für die Leistung (Nutzen)
8. Budget
9. Werbemittel/Konkrete Ansprache

Mithilfe des Leitfadens können die Aufgabenbereiche Marketing und Vertrieb koordiniert werden und dadurch einen höheren Erfolg ausweisen.
Erstellen Sie einen Kampagnenleitfaden! Gehen Sie auf alle Kategorien ein!

Im Rahmen der Vertriebspolitik sollten Sie über Folgendes Bescheid wissen:
- *Die Vertriebspolitik bezieht sich auf alle Entscheidungen und Aktionen, die im Zusammenhang mit dem Weg eines Produktes zum Endkäufer stehen.*
- *Jedes Unternehmen muss bestimmen, welche Vertriebswege es nutzt.*
- *Um die Marketing- und Vertriebsaktivitäten zu koordinieren, sollte ein Unternehmen einen Kampagnenleitfaden erstellen.*

Der Autor

 Der Marketingunternehmer Prof. Dr. Michael Bernecker ist Geschäftsführer des Deutschen Instituts für Marketing in Köln. Der Marketingprofi forscht, berät und trainiert im Kompetenzfeld Marketing & Vertrieb. Seine Kernkompetenz wird geprägt durch sein umfangreiches Fachwissen, gepaart mit einer konsequenten unternehmerischen Sichtweise und der Fähigkeit, auch komplette Sachverhalte zielgruppenadäquat zu kommunizieren. Sein unternehmerisches Profil hat er sich als Geschäftsführer und Vorstand verschiedener Marketingunternehmen angeeignet. Sowohl als Geschäftsführer eines Marktforschungsunternehmens als auch als Vorstand einer Werbeagentur hat er ein umfangreiches managementorientiertes Erfahrungswissen erworben. Diese unternehmerischen Tätigkeiten prägen seine Sichtweise und bieten eine sinnvolle Basis für sein ausgeprägtes Marketing-Know-how.

Als Professor für Marketing lehrt Michael Bernecker unter anderem an der Hochschule Fresenius in Köln in den Fachgebieten Dienstleistungsmarketing, Bildungsmarketing sowie Marktforschung.

Weiterführende Literatur

- Bernecker, Michael/Weihe, Kerstin: *Basiswissen Marktforschung*, Berlin, Cornelsen 2009

- Bruhn, Manfred: *Kommunikationspolitik. Systematischer Einsatz der Kommunikation für Unternehmen*, 6. Auflage, München, Vahlen 2010

- Homburg, Christian: *Marketingmanagement: Strategie – Instrumente – Umsetzung – Unternehmensführung*, 3. Auflage, Wiesbaden, Gabler 2009

- Meffert, Heribert: *Marketing*, 9. Auflage, Wiesbaden, Gabler 2000

- Scharf, Andreas / Schubert, Bernd: *Marketing – Einführung in Theorie und Praxis*, 4. Auflage, Stuttgart, Schäffer-Poeschel 2009

- Winkelmann, Peter: *Marketing und Vertrieb, Fundamente für die Marktorientierte Unternehmensführung*, 7. Auflage, München, Oldenbourg 2010

- Winkelmann, Peter: *Vertriebskonzeption und Vertriebssteuerung – Die Instrumente des integrierten Kundenmanagements (CRM)*, 4. Auflage, München, Vahlen 2008

Register

Anhang: Der kürzeste Marketingplan der Welt

Der kürzeste Marketingplan der Welt

	Was?	Wieso?	Wann?	Wie?	Wie viel?	Wer?
Produkt (inkl. Aftersales und Service)	Welche Produkte benötigt man?	Welchen Nutzen erbringen sie?	Wann benötigt man sie?	Wie erfüllen die Produkte den Nutzen?	Produktkosten, Absatzvolumen?	Welche Zielgruppen sollen angesprochen werden?
Preis	Zu welchem Preis wird es abgesetzt?	Wieso ist es der richtige Preis?	Wie lange wird der Preis stabil bleiben?	Wie wird sich der Preis entwickeln?	Wie viel Umsatz und Gewinnmarge werden erzeugt?	Gibt es unterschiedliche Preise für unterschiedliche Zielgruppen?
Vertrieb	Wie werden die Produkte vertrieben?	Wieso werden diese Absatzwege gewählt?	Wann nutzen die Kunden verschiedene Absatzwege?	Wie betritt oder gestaltet man neue Absatzwege?	Welchen Vorteil haben diese Absatzwege?	Wie nutzen verschiedene Zielgruppen die unterschiedlichen Vertriebswege?
Kommunikation	Welche Kommunikations-instrumente werden eingesetzt?	Wieso diese Instrumente?	Wann werden die Instrumente eingesetzt (Start, Lebenszyklus etc.)?	Wie werden die Instrumente eingesetzt?	Kosten der Kommunikation?	Zielgruppenspezifische Kommunikation?